上海市安装工程概算定额

SH 02—21—2020

宣贯材料

上海市建筑建材业市场管理总站　主编

同济大学出版社

2021　上海

图书在版编目(CIP)数据

上海市安装工程概算定额 SH 02—21—2020 宣贯材料/上海市建筑建材业市场管理总站主编. --上海：同济大学出版社，2021.5
ISBN 978—7—5608—9742—4

Ⅰ.①上… Ⅱ.①上… Ⅲ.①建筑安装—建筑概算定额—上海 Ⅳ.①TU723.34

中国版本图书馆CIP数据核字(2021)第079571号

上海市安装工程概算定额 SH 02—21—2020 宣贯材料

上海市建筑建材业市场管理总站　主编

责任编辑　朱　勇　**责任校对**　徐春莲　**封面设计**　陈益平

出版发行	同济大学出版社　www.tongjipress.com.cn	
	（地址：上海市四平路1239号　邮编：200092　电话：021—65985622）	
经　　销	全国各地新华书店	
印　　刷	常熟市大宏印刷有限公司	
开　　本	890mm×1240mm　1/16	
印　　张	3	
字　　数	96000	
版　　次	2021年5月第1版　2021年5月第1次印刷	
书　　号	ISBN 978—7—5608—9742—4	
定　　价	30.00元	

本书若有印装质量问题，请向本社发行部调换　　版权所有　侵权必究

前　言

为进一步完善本市建设工程计价依据,满足工程建设全生命周期的计价需求,根据上海市住房和城乡建设管理委员会《关于批准发布〈上海市建筑和装饰工程概算定额(SH 01—21—2020)〉〈上海市市政工程概算定额(SH A1—21—2020)〉〈上海市安装工程概算定额(SH 02—21—2020)〉〈上海市燃气管道工程概算定额(SH A6—21—2020)〉等4本工程概算定额的通知》(沪建标定〔2020〕795号)要求,《上海市安装工程概算定额(SH 02—21—2020)》(以下简称"2020安装概算定额")自2021年5月1日起实施。

《上海市安装工程概算定额(2010)》(以下简称"2010安装概算定额")是统一本市安装工程概算工程量计算规则、项目划分与计量单位的依据,是安装工程项目建设投资评审、编制设计概算(书)和多种设计方案进行安装工程技术经济分析的主要依据,是编制安装工程概算指标、估算指标的基础,对于控制工程造价、提高投资效益发挥了重要的作用。2017年,上海市建筑建材业市场管理总站开始组织修编"2010安装概算定额"。修编中,分析了"2010安装概算定额"存在的问题,总结使用过程中的经验,广泛征求各方意见,按照定额修编的程序和要求完成了"2020安装概算定额"。

为配合"2020安装概算定额"的宣贯实施,上海市建筑建材业市场管理总站组织有关修编专家编写了《上海市安装工程概算定额SH 02—21—2020宣贯材料》,作为本市各有关部门开展概算定额宣贯培训的辅导材料。该材料系统介绍了"2020安装概算定额"的特点、与"2010安装概算定额"的不同之处以及使用时需注意的事项等,有助于造价人员准确把握"2020安装概算定额"的内容,尽快熟悉、掌握和使用。

上海市建筑建材业市场管理总站
2021年4月

目 录

第一部分 定额编制概况

一、修编概述及过程 ………………… 3

二、指导思想 ………………………… 4

三、适用范围 ………………………… 4

四、编制原则和主要依据 …………… 5

五、定额的主要内容 ………………… 5

六、编制办法 ………………………… 6

七、定额子目、消耗量等的确定与表现形式 ……………………………… 6

八、定额修编的主要变化 …………… 7

九、定额水平情况及说明 …………… 8

第二部分 各章节编制说明

第一册 电气设备安装工程 …………… 11

 一、概 况 ………………………… 11

 二、本册特点 ……………………… 11

 三、定额主要变化情况 …………… 12

 四、定额说明及工程量计算规则 … 14

 五、定额使用中应注意的问题及说明 … 16

第二册 建筑智能化工程 ……………… 17

 一、概 况 ………………………… 17

 二、本册特点 ……………………… 17

 三、定额主要变化情况 …………… 17

 四、定额说明及工程量计算规则 … 18

 五、定额使用中应注意的问题及说明 … 21

第三册 通风空调工程 ………………… 23

 一、概 况 ………………………… 23

 二、本册特点 ……………………… 23

 三、定额主要变化情况 …………… 23

 四、定额说明及工程量计算规则 … 24

 五、定额使用中应注意的问题及说明 … 26

第四册 消防工程 ……………………… 28

 一、概 况 ………………………… 28

 二、本册特点 ……………………… 28

 三、定额主要变化情况 …………… 29

 四、定额说明及工程量计算规则 … 31

 五、定额使用中应注意的问题及说明 … 32

第五册 给排水、采暖、燃气及工业管道工程 ……………………………… 33

 一、概 况 ………………………… 33

 二、本册特点 ……………………… 33

 三、定额主要变化情况 …………… 34

 四、定额说明及工程量计算规则 … 37

 五、定额使用中应注意的问题及说明 … 40

第一部分　定额编制概况

一、修编概述及过程

根据上海市住房和城乡建设管理委员会（以下简称"市住建委"）《关于印发〈2017年度上海市建设工程及城市基础设施养护维修定额编制计划〉的通知》（沪建标定〔2016〕967号）和《关于印发〈上海市建设工程定额体系2015〉的通知》（沪建标定〔2016〕211号）有关精神，按照《关于印发〈上海市建设工程概算定额编制总纲〉的通知》（沪建市管〔2017〕67号）的原则和要求，对《上海市安装工程概算定额（2010）》（以下简称"2010安装概算定额"）进行修编。与现行实施的《上海市安装工程预算定额》（SH 02—31—2016）（以下简称"2016安装预算定额"）相衔接、相匹配。

《上海市安装工程概算定额（2020）》（以下简称"2020安装概算定额"）修编工作自2017年5月正式开始启动，至2019年12月完成报批稿，整个修编工作共分五个阶段。

（一）修编大纲的编制与评审阶段

在《上海市建设工程概算定额编制总纲》（以下简称"总纲"）的指导下，成立了编制组。编制组学习和研讨总纲，确定了编制组的工作和组织框架、进度安排，作了技术准备、资料的收集等基础工作。编制组首先编制了《上海市安装工程概算定额编制大纲》（以下简称"安装概算大纲"），分析了"2010安装概算定额"实施以来的经验与存在的不足，在市场调研的基础上，结合建筑安装市场的具体情况，研究"总纲"的原则和要求，制定"安装概算大纲"，包括指导思想、定额作用、编制原则、编制依据、编制内容、适用范围、组成内容、工程量计算规则和定额消耗量的确定，以及章、节、项目划分和进度计划等内容。对概算定额的表现形式、文字、表述方式等作了统一规定。

2017年8月1日，形成了"安装概算大纲"初稿。经过编制组内部讨论完善后，于2017年8月4日形成"安装概算大纲"送审稿，报请专家组评审。上海市建筑建材业市场管理总站于2017年8月11日组织召开"安装概算大纲"评审会议，专家同意并通过了"安装概算大纲"，会后，根据专家意见和建议完善了"安装概算大纲"。"安装概算大纲"为定额编制工作开展奠定了基础。

（二）子目的设置与评审阶段

编制组根据"安装概算大纲"的内容和要求，结合"2010安装概算定额"的使用和执行情况、定额子目的设置、工作内容等，力求满足《建筑工程设计文件编制深度规定（2016）》中初步设计文件深度的要求。确定子目设置原则和方法，于2017年11月15日形成安装工程概算定额子目设置的初稿，编制组内部对子目设置初稿进行了讨论，修改完善，于2017年12月30日形成安装概算定额子目设置正式稿报请专家评审，2018年1月25日在上海市建筑建材业市场管理总站组织召开的子目设置专家评审会议上通过。专家组一致认为，"机械设备安装工程"不单独设置分册，根据设备性质建议归入房屋建筑工程相应系统的专业分册内；同意"建筑智能化工程"从电气专业中分离出来，单独成册；同意"消防工程"单独成册，合理优化定额章册内容。

根据专家评审意见和建议，对子目设置进行调整优化、梳理章节与子目顺序，确定安装概算定额子目的设置和相应的内容。

（三）定额编制形成征求意见稿阶段

依据经评审的安装概算定额子目设置，按照"安装概算大纲"的编制原则和内容进行修编。为了确保概算定额消耗量的合理性，编制组还制定了《上海市安装工程概算定额》子目含量修编原则，邀请行业内专家进行评审，于2018年6月1日召开了子目含量修编原则的专家评审会议，对定额子目含量的修编原则达成共识。在编制组成员的共同努力下，于2018年12月20日形成了《上海市安装工程概算定额

（征求意见稿）》，2018年12月26日在上海市住房和城乡建设管理委员会上海市建筑建材业门户网站上予以公示，听取社会各方对"征求意见稿"的意见和建议。

（四）完成水平测算形成送审稿阶段

为了保证概算定额修编的合理性，编制组研究制定了《上海市安装工程概算定额》（修编）水平测算方案，选取典型工程案例开展定额水平测算，分别选取了住宅、办公楼、医院、学校、科研楼等多种业态，多方位对定额水平对比分析，即概算与预算的对比、"2020安装概算定额"与"2010安装概算定额"对比分析等。发现问题及时修正了"2020安装概算定额"的相应内容，于2019年7月底完成定额水平测算工作。在结合定额水平测算的基础上对"征求意见稿"再次修正完善，并于2019年8月20日形成"送审稿"。

2019年9月12日，上海市建筑建材业市场管理总站召开了《上海市安装工程概算定额（送审稿）》专家评审会，专家组就定额子目内容组成、含量计算、文字表述以及人材机消耗量、定额水平等方面予以全面审核，专家同意和通过了"2020安装概算定额"的评审。

（五）调整完善形成报批稿阶段

"送审稿"专家评审会议后，编制组根据专家评审意见对"2020安装概算定额"进行修改、调整和完善。

2019年12月20日形成"报批稿"上报上海市发展和改革委员会、上海市住房和城乡建设管理委员会征询，再根据征询后的意见予以完善并最终确定。于2020年6月15日会同其他3本专业概算定额一起，顺利通过了由上海市住房和城乡建设管理委员会组织召开的"报批稿"专家会审会议。同年12月31日，上海市住房和城乡建设管理委员会批准发布"2020概算定额"，自2021年5月1日起实施（沪建标定〔2020〕795号）。

二、指导思想

1. 根据"总纲"及其有关规定，在"2016安装预算定额"基础上，结合使用"2010安装概算定额"执行情况，本着指导、服务的宗旨，充分考虑并满足上海地区国有资金投资建设项目在安装工程初步设计阶段或扩大初步设计阶段工程造价的合理确定和有效控制的需求；规范本市安装工程概算计价行为，体现政府宏观调控的思路，进一步促进上海城市建设和经济发展。

2. 与《建设工程工程量清单计价规范》（GB 50500—2013）（以下简称"13计价规范"）、《通用安装工程工程量计算规范》（GB 50856—2013）（以下简称"13安装计算规范"）有机结合。

3. 尽可能涵盖"新设备、新材料、新工艺、新技术"的"四新技术"。

4. 内容和表现形式满足概算编制的要求，力求使用方便，具有可操作性。

三、适用范围

适用于本市行政区域范围内工业与民用建筑的新建、扩建、改建工程。

四、编制原则和主要依据

(一) 编制原则

1. 符合国家、行业及本市法律、法规、行政规范文件、现行各类建设标准及技术规范的要求。
2. 与"2016安装预算定额"和"13安装计算规范"相衔接,对主要分部分项工程相关子目进行适当综合。概算定额子目与初步设计深度相适应。"2020安装概算定额"与"2016安装预算定额"之间的定额水平控制在5%左右。
3. 遵循"统一性、科学性、适应性、适时性、简明性"原则,合理设置定额项目,力争项目齐全、覆盖面广、简明适用,有利于工程计价。

(二) 编制依据

1. 《上海市安装工程预算定额》(SH 02—31—2016)。
2. 《上海市建设工程施工费用计算规则》(SH T0—33—2016)。
3. 《上海市绿色建筑工程预算定额》(SH Z0—31—2016)。
4. 《通用安装工程消耗量定额》(TY 02—31—2015)。
5. 《建设工程工程量清单计价规范》(GB 50500—2013)。
6. 《通用安装工程工程量计算规范》(GB 50586—2013)。
7. 《建设工程人工材料设备机械数据标准》(GB/T 50851—2013)。
8. 《建设工程人工、材料、设备、机械数据编码标准》(DG/TJ 08—2267—2018)。
9. 《建筑安装工程费用项目组成》(建标〔2013〕44号)。
10. 国家、行业及各省(市)建设工程概算编制办法。
11. 国家有关部门及各省(市)、相关专业部门现行定额及相应的取费标准。
12. 国家、行业、地方及本市现行建设工程技术标准和规范、工程标准图集和通用设计图纸等资料。
13. 现行安装工程典型案例,有代表性的工程设计、施工和其他技术经济资料,及现场实地调研、测算资料等。

五、定额的主要内容

概算定额是设计概算编制的主要依据,设计概算是按照初步设计或扩大初步设计文件来编制的,概算定额的编制主要是考虑初步设计阶段或扩大初步设计阶段文件的内容和深度,并基于"2016安装预算定额",同时考虑了该阶段本市安装工程项目特点和计价规范要求,力求在内容组成上与之相贴切。

"2020安装概算定额"共分五册,具体内容如下:
第一册　电气设备安装工程
第二册　建筑智能化工程
第三册　通风空调工程
第四册　消防工程
第五册　给排水、采暖、燃气及工业管道工程

各册的主要内容包括总说明、费用计算说明、册说明、各章节的专业内容。各章节的专业内容分定额消耗量和定额含量,定额含量是定额消耗量组成的补充说明。各章有相应的章说明和工程量计算规则,详见各册编制说明。

六、编制办法

根据概算定额编制的要求,主要采用以下几种方法:
1. 直接利用预算定额,或在预算定额的基础上,对相同工程特征的项目,选取不同的权数进行综合。
2. 在预算定额的基础上再合并其他次要项目。
3. 改变计量单位,采用功能参数。
4. 采用标准设计图集的项目,根据预先编好的标准预算计算。
5. 工程量计算规则进一步优化。

其中,项目划分合理、内容完整,相近子目步距设置科学,项目含量的测定根据建设工程技术标准和规范、国家建设标准设计图集等资料,选取了有代表性的典型工程案例的设计图纸和施工方案,且充分考虑施工方法、工艺的要求。

七、定额子目、消耗量等的确定与表现形式

(一) 定额子目的设置

1. 通过筛选"2010安装概算定额"中项目的合理性,删减落后、冗余的项目,补充成熟的项目,新增必要的项目,在充分尊重本市安装工程项目建设基本规律的基础上,构设"2020安装概算定额"的框架体系,确定定额子目。

2. "2020安装概算定额"子目的设置主要根据初步设计阶段文件的内容和深度,对主要分项工程依据相关特性与项目特征,将"2016安装预算定额"相关子目进行适当综合和提炼。

(二) 消耗量的确定

消耗量原则上是由数项预算定额的人工、材料、机械消耗量组合归类而成,具体如下:

1. 人工消耗量的确定

$$人工消耗量 = \sum (人工单位消耗量 \times 相应工程量)$$

2. 材料消耗量的确定

$$材料消耗量 = \sum (材料单位消耗量 \times 相应工程量)$$

3. 机械台班消耗量的确定

$$机械消耗量 = \sum (施工机具(机械)台班单位消耗量 \times 相应工程量)$$

(三) 计算规则的确定

1. 工程量计算规则的确定

主要依据"2010安装概算定额""2016安装预算定额",并结合概算的特点确定,总体满足初步设计深度要求,同时根据机电安装工程的特点、采用系统特征的参数单位计量,界限清晰,极大地方便使用计算。

2. 费用计算规则

概算费用主要由直接费、企业管理费和利润、安全文明施工费、施工措施费、规费、增值税组成。其

中直接费包括人工费、材料费、施工机具(机械)使用费和零星工程费,零星工程人工费明确按零星工程费的20%计算。

上海市安装工程概算费用计算顺序表

序号	项目		计算式	备注
一	直接费	工、料、机费	按概算定额子目规定计算	包括说明
二		零星工程费	(一)×费率	
三		其中:人工费	概算定额人工费+零星工程人工费	零星工程人工费按零星工程费的20%计算
四	企业管理费和利润		(三)×费率	
五	安全文明施工费		[(一)+(二)+(四)]×费率	
六	施工措施费		[(一)+(二)+(四)]×费率（或按拟建工程计取）	
七	小计		(一)+(二)+(四)+(五)+(六)	
八	规费	社会保险费	(三)×费率	
九		住房公积金	(三)×费率	
十	增值税		[(七)+(八)+(九)]×增值税税率	
十一	安装工程费用		(七)+(八)+(九)+(十)	

(四) 定额编号表现形式

"2020安装概算定额"定额编号原则上与"13安装计算规范"相衔接,由四节组成B-×-×-×。
1. 第一位表示专业表码,安装概算用B表示。
2. 第二位表示专业册数,册数用数字表示。
3. 第三位数字表示本章的序列号码。
4. 第四位数字表示子目在本章的序列号码。
5. 具体表现形式如下:

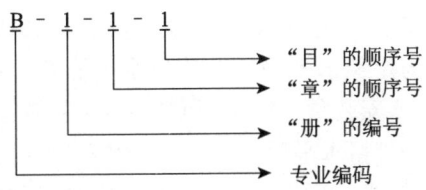

(五) 定额项目表现形式(采用A4竖版)

"2020安装概算定额"每个定额编号由以下两张表组成:
1. 定额消耗量表(主要表现概算定额的工料机消耗量)。
2. 定额含量表(主要表现概算定额包含相应的预算定额)。

八、定额修编的主要变化

"2020安装概算定额"册、章、节及顺序与"2010安装概算定额"有较大的修改、调整,各册章节的内

容和顺序设置参考"13 安装计算规范",主要变化如下:

  1. 取消了《机械设备安装工程》,原《机械设备安装工程》分册中的常用设备归入相应的专业分册,如水泵、制冷机组,分别归入第三、第四、第五分册。

  2. 增加了《建筑智能化工程》和《消防安装工程》分册。

  3. 原《电气及自控仪表安装工程》改为《电气设备安装工程》。

  4. 取消原《电气及自控仪表安装工程》中的"自控仪表安装工程"的所有项目。

  5. 原《电气及自控仪表安装工程》中"弱电工程"项目单独成册,改为《建筑智能化工程》。

2020 安装概算定额设置变化表

2020 安装概算定额			2010 安装概算定额			备 注
序号	内 容	子目数	序号	内 容	子目数	
			第一分册	机械设备安装工程	321	取消,不再单列,常用设备归入各相关分册
第一册	电气设备安装工程	386	第二分册	电气及自动化仪表安装工程	467	建筑智能化工程单列成册,消防报警列入消防工程分册;取消了第七章自动化仪表安装工程
第二册	建筑智能化工程	240				原在电气分册中,本次单列成册
第三册	通风空调工程	308	第三分册	通风空调安装工程	330	
第四册	消防工程	94				原在管道安装工程分册中,本次单列成册
第五册	给排水、采暖、燃气及工业管道工程	594	第四分册	管道安装工程	730	消防水系统列入消防工程分册
合计		1622			1848	

九、定额水平情况及说明

  为了分析新编定额水平,我们将"2020 安装概算定额"分别与"2016 安装预算定额"和"2010 安装概算定额"进行了测算比较。测算分为定额水平测算及造价水平测算。定额水平测算即对同一个工程案例分别按"2020 安装概算定额""2016 安装预算定额"和"2010 安装概算定额"计算工程量和套用相应定额,并将工料机价格统一调整至同一价格水平后,分别计算出"2020 安装概算定额"和"2016 预算定额",以及"2020 安装概算定额"与"2010 概算定额"二者的定额直接费作对比分析。造价水平测算即在前者直接费的基础上再套用相应的专业费率,计算造价进行对比分析。

  1. 定额水平测算情况

  (1) "2020 安装概算定额"与"2010 安装概算定额"相比较,定额水平提高了 3.91%。

  (2) "2020 安装概算定额"与"2016 安装预算定额"相比较,直接费增加了 4.22%。

  2. 造价水平测算情况

  (1) "2020 安装概算定额"与"2010 安装概算定额"相比较,造价水平提高了 4.98%。

  (2) "2020 安装概算定额"与"2016 安装预算定额"相比较,造价增加了 5.71%。

第二部分　各章节编制说明

第一册 电气设备安装工程

一、概况

本册定额分为11章,共386个子目。定额内容包含:变压器及柴油发电机组安装;配电装置安装;母线安装;控制设备及低压电器安装;蓄电池、太阳能及不间断电源(UPS)安装;电动机检查接线及调试;滑触线装置安装;电缆敷设;防雷及接地装置;配管、配线;照明器具安装等。

序号	章名称	子目数量
1	第一章 变压器及柴油发电机组安装	28
2	第二章 配电装置安装	14
3	第三章 母线安装	12
4	第四章 控制设备及低压电器安装	31
5	第五章 蓄电池、太阳能及不间断电源(UPS)安装	25
6	第六章 电动机检查接线及调试	18
7	第七章 滑触线装置安装	11
8	第八章 电缆敷设	29
9	第九章 防雷及接地装置	46
10	第十章 配管、配线	97
11	第十一章 照明器具安装	75
	合计	386

二、本册特点

(一) 适用范围

本册定额适用于上海市新建、扩建、改建工程中的电气设备安装工程。

(二) 与各册的界限划分

本册定额适用于工业与民用电压等级10kV、35kV变配电装置及10kV以下电气设备安装工程。

三、定额主要变化情况

（一）定额子目变化

本册定额修编，主要是依据《上海市安装工程预算定额 第四册 电气设备安装工程》（SH 02-31(04)-2016）设置，结合"2010安装概算定额"第二分册《电气及自控仪表安装工程》（以下简称"2010电气概算定额"）的执行情况，对"2010电气概算定额"进行调整和完善。"2010电气概算定额"共设置7章36小节467个子目，本册定额共11章386个子目。定额章节变化见下表。

电气设备工程定额章节变化表

2020安装概算定额			2010安装概算定额			备注
章节	内容	子目数	章节	内容	子目数	
第一章	变压器及柴油发电机组安装	28	第一章	变配电装置	46	变压器安装单独成章，增加步距，增加油发电机组安装；取消了油浸式变配电站置
第二章	配电装置安装	14	第二章	电力配电装置	54	高压配电柜（箱）归入第二章，增加开闭所成套配电装置。配电柜（箱）归入第四章，取消配电板、箱制作安装。母线安装、滑触线安装、电动机检查接线、配电配线、单独成章
			第三章	照明配电装置	50	配电配线和灯具安装分别单独成章
第三章	母线安装	12				移植至此单独成章，母线步距调整
第四章	控制设备及低压电器安装	31				移植至此单独成章
第五章	蓄电池、太阳能及不间断电源（UPS）安装	25				增加项目
第六章	电动机检查接线及调试	18				移植至此单独成章，步距调整，增加微型电动机变频机组检查接线
第七章	滑触线装置安装	11				移植至此单独成章，增加了滑触线的类型
第八章	电缆敷设	29	第四章	电缆敷设	21	增加直埋电缆辅助设施、分支电缆、防火封堵和电缆密封填料；桥架移位到第十章配管配线；取消了电缆头制作安装

(续表)

2020安装概算定额			2010安装概算定额			备注
章节	内容	子目数	章节	内容	子目数	
第九章	防雷及接地装置	46	第五章	防雷及接地	25	增加接地极、接地母线、引下线、避雷针制安等项目的步距,增加了等电位装置项目
第十章	配管、配线	97				移植至此单独成章,调整为干管(含桥架线槽)干线和支路
第十一章	照明器具安装	75				移植至此单独成章,增加了灯具的类型
	弱电工程		第六章	弱电工程	48	弱电工程单独成册
	自动化仪表安装工程		第七章	自动化仪表安装工程	223	取消
	合计	386			467	

(二) 主要内容变化

1. 本册定额子目设置根据"2013清单计算规范"和"2010安装概算定额"使用情况,取消了弱电工程和自动化仪表安装工程。

2. 增加了电气配管配线干线概算子目。电气配管配线计算方式为配电系统干线加支路配管配线的方式。

3. 第一章变压器及柴油发电机组安装,保留了变压器安装、组合型成套箱式变电站安装;变配电站附属装置,增加了柴油发电机组;取消了油浸式变配电站装置。

4. 第二章配电装置安装,保留了成套高压配电柜,增加了开闭所成套配电装置。

5. 第三章母线安装,调整了规格和步距。

6. 第四章控制设备及低压电器安装,取消了配电板安装、木配电箱制作、熔断器、闸刀开关等项目。

7. 第五章蓄电池、太阳能电池及不间断电源(UPS)安装为新增章节,含有蓄电池、太阳能电池、不间断电源(UPS)安装及电源设备调试等项目。

8. 第六章电动机检查接线及调试安装,增加了微型电动机变频机组检查接线并调整了步距,交流电动机检查接线电动机功率增加至6300kW。

9. 第七章滑触线装置安装区分型钢类型,包含支架安装;增加移动软电缆和滑触线支持器项目。

10. 第八章电缆敷设,增加直埋电缆辅助设施项目,包含电缆沟挖填土、电缆保护管等项目,电缆敷设区分规格与类型分别套用定额,增加预分支电缆敷设项目,增加防火封堵项目。

11. 第九章防雷及接地装置,增加圆钢接地极、钢板接地极、接地母线沿桥架、铜接地绞线、钢门窗接地线、利用柱内主筋引下、避雷网沿折板支架敷设、安装于圈梁内的均压环;增加避雷针长度部件、波导馈线接地、卫生间等电位连接等项目。接地极计量单位由"组"改为"根"为计量;钢门窗跨接地线按窗樘数量以"樘"为计量单位;建筑物构筑物引下线区分建筑物高度分别套用定额;避雷针制作安装区分安装位置和高度分别套用定额;卫生间等电位区分建筑物业态套用定额。

12. 第十章配管配线,增加了干管敷设和干线配线、支路配管配线、开放式网络桥架安装等定额项目。干管配管定额区分管材、安装方式、规格分别套用定额,钢线槽、槽式桥架、托盘安装定额内包含支架制作安装和防火封堵安装,干线配线定额综合管内穿线和线槽配线,区分导线规格分别套用定额;动力支路区分电动机功率分别套用定额,以"台"为计量单位;照明支路区分住宅和其他建筑分别套用定额,以建筑面积(m²)为计量单位。

13. 第十一章照明器具安装,增加部分灯具的类型,如太阳能灯具和艺术灯具等。

四、定额说明及工程量计算规则

(一)变压器及柴油发电机组安装

1. 油浸式变压器安装区分设备容量分别套用定额,按设计图示数量计算,以"台"为计量单位,包含设备安装、设备基础槽钢制作安装。
2. 干式变压器安装区分设备容量分别套用定额,按设计图示数量计算,以"台"为计量单位,包含设备安装、设备基础槽钢制作安装。
3. 组合型成套箱式变电站安装区分设备容量分别套用定额,按设计图示数量计算,以"座"为计量单位,包含设备安装、调试费用。
4. 变配电站房附属装置安装区分变配电总容量分别套用定额,按总容量计算,以"100kV·A"为计量单位,包含站房内照明配管配线、控制线缆、防雷接地装置、灯具和插座。
5. 变压器系统调试区分变压器系统容量分别套用定额,以"系统"为计量单位。
6. 柴油发电机组区分容量分别套用定额,按设计图示数量计算,以"台"为计量单位。

(二)配电装置安装

1. 成套高压配电区分单、双母线、配电柜功能,按设计图示数量计算,以"台"为计量单位,包含柜体安装、柜的基础槽钢制作安装。
2. 开闭所成套配电装置安装区分开关间隔单元数量,按设计图示数量计算,以"座"为计量单位。

(三)母线安装

1. 低压封闭式插接母线槽区分母线槽电流容量,按设计图示数量计算,以"m"为计量单位,包含支架制作安装。
2. 低压封闭式插接母线槽始端箱区分箱电流容量,按设计图示数量计算,以"只"为计量单位。
3. 低压封闭式插接母线槽开关箱区分箱电流容量,按设计图示数量计算,以"只"为计量单位。

(四)控制设备及低压电器安装

1. 控制、继电、模拟屏安装区分功能套用定额,按设计图示数量计算,以"台"为计量单位,包含支架制作安装。
2. 低压配电装置安装区分功能分别套用定额,按设计图示数量计算,以"台"为计量单位,包含支架制作安装。

(五)蓄电池、太阳能及不间断电源设备安装

1. 蓄电池防震支架安装区分安装方式分别套用定额,按设计图示数量计算,以"m"为计量单位。
2. 蓄电池安装按设计图示数量以"组"为计量单位。蓄电池充放电以容量"100A·h"为基准,容量不同时,材料消耗量中电消耗量以256kW·h为基数乘以相应倍数调整,其余不变。
3. 太阳能电池设备安装包含太阳能电池板钢架安装,太阳能电池板组装、安装,太阳能电池与控制屏联测,光伏逆变器安装,太阳能控制器安装等内容。
4. 不间断电源(UPS)安装区分相数和容量,按设计图示数量计算,以"套"为计量单位。

5. 三相不间断电源设备调试区分容量，按设计图示数量计算，以"套"为计量单位。

（六）电动机检查接线及调试

直流电动机、交流防爆电动机、交流电动机、微型电动机等检查接线及调试区分电动机的容量，按设计图示数量计算，以"台"为计量单位。

（七）滑触线装置安装

1. 型钢型滑触线区分类型、移动软电缆区分安装方式和规格，按设计图示数量计算，以"m"为计量单位。
2. 滑触线指示灯、滑触线支持器按设计图示数量以"套"为计量单位。

（八）电缆敷设

1. 直埋电缆敷设包含电缆沟挖填土、铺砂、盖板及电缆保护管。
（1）电缆沟挖填土、铺砂、盖板区分直埋电缆根数分别套用定额，包含挖填土、铺砂、盖保护板、揭盖盖板，按设计图示数量计算，以"m"为计量单位。
（2）电缆保护管区分管材套用定额，按设计图示数量计算，以"m"为计量单位。
2. 电缆敷设区分安装方式、敷设位置和规格套用相应定额，按设计图示数量计算，以"m"为计量单位。
3. 预制分支电缆敷设区分主电缆截面规格套用相应定额，按设计图示数量计算，以"m"为计量单位。
4. 控制电缆敷设区分主电缆芯数套用相应定额，按设计图示数量计算，以"m"为计量单位。
5. 防火封堵已综合考虑墙体和楼板，包含防火板安装，按设计图示数量计算，以"m³"为计量单位。

（九）防雷及接地装置

1. 接地极区分钢管、型钢、接地板、利用地板钢筋等分别套用定额。
（1）接地极长度为2.5m，按设计图示数量计算，以"根"为计量单位。
（2）接地板区分铜板和钢板分别套用定额，按设计图示数量计算，以"块"为计量单位。
（3）利用地板钢筋作接地极，按设计图示的建筑地板面积数量计算，以"m²"为计量单位。
2. 接地母线安装区分安装部位，按设计图示数量计算，以"m"为计量单位。
3. 钢门窗接地安装，按设计图示外墙窗数量计算，以"樘"为计量单位。
4. 避雷引下线安装区分安装部位和安装方式，按设计图示数量计算，以"m"为计量单位。
5. 屋面避雷网安装区分屋面方式，按设计图示数量计算，以"屋面m²"为计量单位。
6. 均压环区分安装部位和安装方式，按设计图示数量计算，以"m"为计量单位。
7. 避雷针制作安装区分材质、安装部位、规格，按设计图示数量计算，以"根"为计量单位。
8. 避雷器、消雷器按设计图示数量计算，以"套"或"座"为计量单位。
9. 波导馈线接地按设计图示数量计算，以"m"为计量单位。
10. 等电位装置中等电位端子箱按设计图示数量计算，以"个"为计量单位。卫生间等电位连接区分住宅和公共建筑，按设计图示卫生间数量计算，以"间"为计量单位。
11. 接地装置试验区分接地形式，以"组"或"系统"为计量单位。

（十）配管、配线

1. 电气系统配管干管按设计图示数量计算。配管区分管材、安装方式和规格分别套用定额；线槽区分类型和规格分别套用定额，以"m"为计量单位。

2. 干线配线区分规格套用定额，以"m"为计量单位。

3. 动力支路配管配线区分电动机功率，按动力用电器具数量计算，以"台"为计量单位。

4. 照明支路配管配线区分住宅建筑和其他建筑，按建筑面积以"m²"为计量单位。

（十一）照明器具安装

照明器具安装区分照明灯具的类型、组合方式、安装方式等分别套用相应的定额。

五、定额使用中应注意的问题及说明

（一）各项费用的规定

1. 脚手架搭拆费（35kV变配电工程除外）按全部电气安装工程人工费的2%计取，其中人工占比25%，其余为材料。室外埋地电缆、路灯工程不计脚手架搭拆费用。"电气调整试验"不计取脚手架费用。

2. 工程超高费按操作物高度离楼地面5m考虑；超过5m，超过部分工程量区分高度乘以相应的系数。工程超高费全部为人工费用。路灯安装、投光灯、氙气灯、烟囱、水塔独立式塔架标志灯安装定额已考虑超过因素，不能计取工程超高费。

3. 高层建筑增加费，区分层数计取相应的高层建筑增加费，其中人工占比为75%。

（二）其他说明

1. 变配电站房附属装置安装综合包含站房内照明配管配线、灯具、开关、插座等安装，防雷接地装置安装。

2. 变配电站房内管线套用干管干线定额，按设计图示计算工程量。

3. 电气系统配管配线区分干线与支线分别计算。

（1）增加了干管干线定额，由进户管（线）至层、段的末端配电箱（含插座箱）、柜、盘、台以及它们之间的线路均为配电干管干线。

（2）由末端箱、柜、盘、台至用电器具的线路均支路。

（3）干线电缆（线）工程量按设计图示计算工程量。

（4）电缆（线）外部进出线均可按规定计算预留长度。

（5）照明支线配管配线区分住宅和其他建筑，按建筑面积计算。

（6）动力支路配管配线区分用电器具功率大小，分别执行相应定额。

4. 太阳能电池设备安装包含太阳能板安装、太阳能方阵铁架的安装、基础底座及预埋件等内容。

5. 滑触线安装包含拉紧装置和支架制作安装。

第二册　建筑智能化工程

一、概况

本册定额分为7章，共240个子目。定额内容主要包括：计算机网络系统工程、综合布线及线缆工程、建筑设备管理系统、有线电视/卫星接收系统工程、音频/视频系统工程、安全防范系统工程、智能识别管理系统工程。

序号	章名称	子目数量
1	第一章　计算机网络系统工程	26
2	第二章　综合布线及线缆工程	46
3	第三章　建筑设备管理系统	27
4	第四章　有线电视、卫星接收系统工程	22
5	第五章　音频、视频系统工程	35
6	第六章　安全防范系统工程	53
7	第七章　智能识别管理系统工程	31
	小计	240

二、本册特点

（一）适用范围

本册定额适用于本市行政区域范围内工业与民用建筑的新建、扩建和改建工程中的建筑智能化工程。

（二）与各册的界限划分

电力及控制电缆敷设、电线槽安装、桥架安装、电线管敷设、软管安装、砖墙及混凝土墙（地）面开槽、人井（孔）、手井（孔）、电缆沟工程、电缆保护管敷设以及UPS电源及附属设施、设备支架吊架制作安装、配电箱等的安装，执行第一册《电气设备安装工程》相关定额项目。

三、定额主要变化情况

（一）定额子目的变化

本册定额子目修编，主要是依据《上海市安装工程预算定额》（SH 02—31—2016）设置，结合"2010安装概算定额"的执行情况,对"2010安装概算定额"作了调整和完善。"2010安装概算定额"弱电工程设置5节48个子目,而本册定额共7章240个子目。定额章节差异变化见下表。

智能化工程定额章节差异变化表

2020安装概算定额		2010安装概算定额	
第一章	计算机网络系统工程		
第二章	综合布线及线缆工程	第一节	通信系统
第三章	建筑设备管理系统		
第四章	有线电视、卫星接收系统工程	第三节	有线电视(共用天线)系统
第五章	音频、视频系统工程	第四节	广播系统
第六章	安全防范系统工程	第五节	安全防范系统
第七章	智能识别管理系统工程		

(二) 主要内容变化

1. "2010安装概算定额"将建筑智能化工程设置为电气及自控仪表安装工程中的一章内容。本册定额将建筑智能化系统单独成册,按各个系统分别设置独立的章节,使定额项目内容划分得更清晰、明确。

2. 本册定额增设了"第一章计算机网络系统工程",其内容包括服务器、路由器、防火墙、交换机、调制解调器、无线通信设备、无源光网络设备、附属设备、软件安装、网络系统调试及试运行、程控用户交换机。

3. 本册定额增设了"第二章综合布线及线缆工程",其内容包括机柜、机架、信息配线箱、信息插座、跳线架、配线架、光纤盒/光缆终端盒/光纤配线架安装、光分路器、线缆敷设、信息点支路配管配线。

4. 本册定额增设了"第三章建筑设备管理系统",其内容包括楼宇自控系统、能耗监测系统。适用于楼宇自控系统设备安装和能耗监测系统的设备安装和系统调试、试运行。

5. 本册定额对"第四章有线电视、卫星接收系统工程"进行了补充和完善,其内容包括卫星天线及接收设备、干线设备、分配网络、系统调试及试运行、电视支路配管配线。

6. 本册定额对"第五章音频、视频系统工程"进行了补充和完善,其内容包括扩声系统、背景音乐系统、视频系统。

7. 本册定额对"第六章安全防范系统工程"进行了补充和完善,其内容包括视频安防监控系统、入侵报警系统、楼宇对讲系统、安全防范系统联动调试、安全防范系统试运行。

8. 本册定额增设了"第七章智能识别管理系统工程",其内容包括停车库(场)管理系统、车位引导系统、智能卡应用系统。

四、定额说明及工程量计算规则

(一) 计算机网络系统工程

1. 工作站,适用于工控机、工作站。
2. 服务器,分塔式服务器、机架式服务器、刀片式服务器。
3. 防火墙设备适用于包过滤器防火墙、基于状态检测技术的防火墙、应用层防火墙及网闸。
4. 无线系统设备天线,适用于定向天线和全向天线,并综合考虑室内安装和室外安装两种敷设方式。
5. 附属设备,适用于光纤收发器、各类模块、网络存储单元、多用户转换插件和打印机。

6. 程控用户交换机,综合了本体安装及设备调试。

(二) 综合布线及线缆工程

1. 机柜安装,有综合壁挂式和落地式两种安装方式,工作内容包括本体及抗震机柜底座安装、接地。
2. 信息配线箱,区分室内和室外两种安装方式,其中室外信息配线箱安装包括基础浇筑。
3. 模块式信息插座安装(含模块)综合单口、双口、四口,工作内容包括端接模块、安装固定面板、标识。
4. 光纤信息插座安装(含耦合器)包括单口和双口,工作内容包括安装光纤连接器及面板、尾纤熔接、接线盒、标识。
5. 跳线架安装打接,工作内容包括跳线架安装打接、理线架安装、跳线安装、线缆测试。
6. 配线架安装打接,工作内容包括配线架安装打接、理线架安装、跳线安装、线缆测试。
7. 光纤盒、光纤终端盒、光纤配线架,工作内容包括光纤终端盒(光纤盒/光纤终端盒/光纤配线架)安装、光纤耦合器安装、布放尾纤、光纤连接、光纤跳线安装、光纤测试。
8. 线缆敷设中非屏蔽双绞线缆 4 对以下、大对数电缆、电缆敷设,综合考虑管内敷设和线槽敷设两种方式。屏蔽双绞线执行非屏蔽双绞线定额项目,人工乘以系数 1.10。
9. 综合布线系统干支线划分:由机房至机柜、机架(接线箱)的管、线缆为干线,其他为支路管线。
10. 信息点支路管线敷设按住宅和非住宅分类。适用于六类非屏蔽系统。
(1) 住宅信息点支路管线包含了由住宅用户弱电箱(户内)至信息插座的配管及双绞线,住宅用户综合弱电箱安装在户外的执行非住宅信息点支路管线敷设子目。
(2) 非住宅信息点支路管线包含了由楼层配线设备至信息插座的配管及双绞线,并综合考虑了双绞线线槽内敷设和管内敷设两种方式。线槽安装执行第一册《电气设备安装工程》相应子目。
(3) 综合布线中若单孔信息插座数量超过总量的 20%时,支路管线定额子目乘以系数 1.20。
(4) 非住宅信息点支路管线敷设子目,如有跨层或层高超过 5m 的,超过部分按干线计算。
11. 线缆、光缆预留长度计算:设计有规定时,按设计规定计算;设计无规定时,按下列规定计算预留长度。
(1) 线缆、光缆松弛度、波形弯度、交叉长度,按线缆、光缆全长度的 2.5%计算附加长度。
(2) 线缆、光缆进入建筑物预留 2m。
(3) 线缆、光缆进入配电箱,预留长度按箱体的半周长计入相应工程量。
(4) 线缆、光缆进入终端接线盒,从安装对象中心算起,预留 0.5m。
(5) 光缆进入沟内或吊架的引上(下)预留 1.5m。
(6) 光缆头预留 1.5m。
12. 信息支路管线敷设分住宅类和非住宅类,区分配管材质,按设计图示信息模块数量计算,以"终端"为计量单位。

(三) 建筑设备管理系统

1. 其他控制器安装,适用于独立控制器、压差控制器、温度/湿度控制器、变风量控制器、气动输出模块、风机盘管温控器、房间空气压力控制器。
2. 传感器、变送器安装,适用于风管温度传感器、风管湿度传感器、风管温、湿度传感器、室内壁挂式温度传感器、室内壁挂式湿度传感器、室内壁挂式温、湿度传感器、室外壁挂式温度传感器、室外壁挂式湿度传感器、室外壁挂式温、湿度传感器、浸入式温度传感器、风道空气质量传感器、风道烟感探测器、风道气体探测器、室内壁挂式空气质量传感器、室内壁挂式气体传感器、风速传感器、防霜冻开关、空气压差开关、风管静压变送器、水道压力传感器、水道压差传感器、液体流量开关、静压/压差变送器、液位开关、静压液位变送器、液位计、电流变送器、电压变送器、功率因数变送器、相位角变送器、有功功率/无功功率变送器、有功电度变送器、无功电度变送器、频率变送器、光照度传感器等安装;工作内容包括本体安装、金属软管安装、接线盒安装、接线、调试。

3. 流量计安装,适用于电磁流量计、涡流流量计、超声波流量计、弯管流量计、转子流量计;工作内容包括本体安装、金属软管安装、接线盒安装、接线和调试。

4. 阀门执行器安装电动调节阀,适用于电动二通调节阀和电动三通调节阀执行器安装;工作内容包括本体安装、接线,金属软管安装、接线盒安装、调试。

5. 计量装置,适用于远传水表、数字电表、远传燃气表和数字能量表。

6. 能耗数据采集设备,适用于电力载波能耗数据采集器、总线制能耗数据采集器、以太网能耗数据采集器和无限型能耗数据采集器。

(四) 有线电视、卫星接收系统工程

1. 同轴电缆敷设、跳线安装、光分路器安装,执行本册定额第二章相关定额项目。
2. 监控设备安装,执行本册定额第六章相关定额项目。
3. 电视墙架、操作台,执行本册定额第六章相关定额项目。
4. 卫星天线及接收设备,工作内容包括卫星天线及高频头安装调试、地面接收设备安装调试、前端传输系统设备等安装调试。
5. 干线放大器、电源供应器、缆桥交换机,分配放大器、分支器、分配器安装,综合考虑了室内安装和架空安装两种敷设方式。
6. 有线电视、卫星接收系统干支线划分:由设备箱至分线箱的管、线为干线,其他为支路管线。
7. 电视支路管线敷设按住宅和非住宅分类,工作内容包括配管、线缆、用户终端盒及接线盒安装。其中住宅电视支路管线是按住宅用户综合弱电箱安装在户内考虑的,住宅用户综合弱电箱安装在户外的执行非住宅电视支路管线敷设子目。定额中包含的线缆是按视频同轴电缆编制的。
8. 电视支路管线敷设分住宅与非住宅类,区分配管材质,按设计图示用户终端盒数量计算,以"终端"为计量单位。

(五) 音频、视频系统工程

1. 信号源设备,适用于有线传声器、无线传声器、遥控传声器、MP3、CD、VCD、DVD 播放器、调谐器、录放音机、舞台接口箱安装。
2. 均衡器等,适用于均衡器、压限器、激励器、噪声门、延时器、反馈抑制器、音频解嵌器、降噪器、分配器、切换器、变调器、分频器、效果器、阻抗匹配器、数据接收单元、内部音频通信、定压变压器、监听检测盘、时序电源控制器和电源定时器(程序控制)安装。
3. 音频终端设备工作内容包括金属软管安装、接线、本体安装调试。其中,扬声器(嵌入式、吊装式)适用于嵌入式扬声器和吊装扬声器安装;扬声器(摆放、挂壁、吸顶)适用于音柱及小号筒、音柱及大号角、可寻址音箱(带解码器)、网络化 IP 音箱(带网络接口)、摆放式扬声器、壁挂扬声器、吸顶扬声器和草地扬声器安装;线阵列扬声器适用于线阵列扬声器安装。
4. 广播系统配管配线,工作内容包括主、分干线的配管、配线及接线盒安装。
5. 广播系统配管配线,区分配管材质,按设计图示扬声器数量计算,以"终端"为计量单位。
6. 背景音乐设备寻呼站、市话接口设备、监听器、强插器等,适用于背景音乐设备中的寻呼台站、市话接口设备、监听器、强插器、线路故障检测器、可编程定时器、主备切换器、报警信号发生器、可寻址终端、网络化终端安装。
7. 视频监视器适用于等离子(PDP)监视器、LCD、LED 监视器安装。

(六) 安全防范系统工程

1. 摄像机安装,工作内容包括摄像机及附件(镜头、防护罩等)安装及调试,接线盒、金属软管及支架安装。

2. 视频传输设备安装光端机、双绞线视频传输器,适用于光传输设备安装视频光端发射机、接收机和双绞线视频传输设备安装发送器、接收器安装。工作内容包括本体安装、接线、调试。

3. 入侵探测器安装,适用于入侵探测器安装的开关(门磁、窗磁、卷闸、有线式报警、无线式报警、铁门开关、压力开关、行程开关、紧急脚踏开关)及探测器(被动红外、红外幕帘、多技术复合、燃气泄漏、烟感、微波、超声波、驻波、声波、玻璃破碎、振动、微波墙式、次声、无线报警、声控头)安装。工作内容包括本体安装、接线、接线盒安装、调试。

4. 主动红外探测器(1收1发)工作内容包括本体安装、接线、接线盒安装、调试。

5. 激光入侵探测器(1收1发)工作内容包括本体安装、接线、接线盒安装、调试。

6. 激光中继器工作内容包括本体安装、接线、接线盒安装、调试。

7. 楼宇对讲系统中楼宇对讲设备安装,工作内容均包括接线盒安装、接线、本体安装调试。

(七) 智能识别管理系统工程

1. 停车库(场)管理系统单入口/单出口,工作内容包括单通道地感线圈车辆探测器、车道控制机、电动栏杆、车辆牌照识别装置、摄像及附属设备等安装调试,摄像机立杆安装,埋管配线,接线。不包括安全岛砌筑和简易岗亭。实际发生时,安全岛砌筑执行《上海市建筑和装饰工程预算定额(SH 01—31—2016)》相关定额项目;简易岗亭执行《上海市安装工程预算定额(SH 02—31—2016)》第五册《建筑智能化工程》相关定额项目。

2. 出入口设备安装/发卡机、阅读机、自动收款机,适用于磁卡通行券发卡机、IC卡通行券发卡机、非接触式IC卡发卡机、通行券自动发券机、磁卡通行券阅读机、非接触式IC卡通行券阅读机、接触式IC卡阅读机、通行券自动阅读机、远距离卡阅读机、临时卡计费器、自动收款机安装。

3. 出入口设备安装/停车计费显示器、语音报价器、紧急报警器,适用于停车计费显示器、语音报价器、紧急报警器安装。

4. 出、入口对讲分机执行本册定额第一章相应定额项目。

5. 超声波探测器、车位指示灯,工作内容包括接线盒安装、接线、本体安装调试。

6. 前端信息采集设备安装/读卡器,适用于键盘、读卡器、一体式门禁读卡器、嵌入式门禁模块、电梯读卡器等前端信息采集设备安装。

7. 前端信息采集设备/消费机、充值机安装,适用于考勤一体机、充值机、消费机等前端信息采集设备安装。

8. 门禁控制设备分单门控制和双门控制,工作内容包括门禁控制器、读卡器、出门按钮、门锁、闭门器、门禁控制箱、电源适配器、接线盒、埋管配线、调试。

9. 系统调试的工作内容包括前端信息的采集、信息的传输、终端控制设备、记录及显示设备、联动设备的全系统检测、调整。

五、定额使用中应注意的问题及说明

(一) 各项费用的规定

1. 工程超高费(即操作高度增加费):按操作物高度离楼地面5m为限,超过5m时,超过部分工程量按定额人工乘以下表系数。工程超高费全部为人工费用。

操作物高度(m)	≤10	≤30	≤50
系数	1.20	1.30	1.50

2. 高层建筑增加费：高层建筑（指高度在6层或20m以上的工业和民用建筑）增加的费用按下表分别计取。

建筑层数（层）	≤12	≤18	≤24	≤30	≤36	≤42	≤48	≤54	≤60
按人工量的%	2	5	9	14	20	26	32	38	44

高层建筑增加费中，其中的65%为人工降效，其余为机械降效。

3. 本册定额所涉及的系统试运行（除特殊专业外）是按连续无故障运行120h考虑的；超出时费用另行计算。

第三册　通风空调工程

一、概况

本册定额分为 5 章,共 308 个子目。定额内容包括:通风空调设备安装、通风管道制作安装、通风管道部件制作安装、空调冷媒管道安装和绝热工程。

序号	章名称	子目数量
1	第一章　通风空调设备安装	125
2	第二章　通风管道制作安装	76
3	第三章　通风管道部件制作安装	92
4	第四章　空调冷媒管道安装	6
5	第五章　绝热工程	9
	合　计	308

二、本册特点

(一) 适用范围

本册定额适用于本市行政区域范围内新建、扩建、改建工程中的通风空调工程。

(二) 与各册的界限划分

1. 工业用风机(如热力设备用风机)及除尘设备安装的专用风机套用《上海市安装工程预算定额》相应项目。
2. 通风空调工程中的配电箱等项目安装,执行本定额第一册《电气设备安装工程》相应项目。

三、定额主要变化情况

(一) 定额子目变化

本册定额修编,主要依据《上海市安装工程预算定额(SH 02-31-2016)》,结合《上海市安装工程概算定额(2010)》第三分册《通风空调安装工程》(以下简称"2010 通风空调概算定额")的执行情况,对"2010 通风空调工程概算定额"进行调整和完善。"2010 通风空调概算定额"共设置 8 章 25 节 330 个子目,本册定额共设置 5 章 308 个子目。定额章节变化见下表。

通风空调工程定额章节变化表

2020 安装概算定额			2010 安装概算定额			备 注
章 节	内 容	子目数	章 节	内 容	子目数	
第一章	通风空调设备安装	125	第三章	通风空调设备安装	49	本册定额新增制冷机组、冷却塔、空调水泵
			第四章	送吸风设备安装	28	
			第五章	净化系统设施安装	7	
第二章	通风管道制作安装	76	第一章	通风管道制作安装	76	取消了塑料风管制作安装和连体法兰矩形风管制作安装,增加了柔性软风管和不锈钢保温烟道安装
第三章	通风管道部件制作安装	92	第六章	风管零部件制作安装及成品安装	135	取消了风阀的制作安装和塑料风阀和风口制作安装,调整罩类和风帽的步距
			第八章	人防专业通风设备	28	
第四章	空调冷媒管道安装	6	第二章	空调水系统	1	增加了多联体空调 VRV 系统制冷剂管道,增加了四管制项目
第五章	绝热工程	9	第七章	风管绝热工程	6	增加了保温层外缠(包)保护层
	合计	308			330	

(二) 主要内容变化

1. 本册定额子目设置根据《上海市安装工程预算定额(SH 02—31—2016)》和"2010 通风空调工程概算定额"使用情况,空调系统中冷媒管路配管、绝热工程保留在本册定额内。

2. 原单独成章的送吸风设备安装、净化系统设施安装,合并至第一章通风空调设备安装。

3. 人防专业通风设备合并至第三章通风管道部件制作安装。

4. 第一章通风空调设备安装保留了原有变风量空调设备的安装、风机盘管、空气幕等子目,增加了制冷机组、热泵机组、冷却塔、多联体室外空调机、空调水泵等,原单独成章的送吸风设备安装和净化系统设施安装移植到本章。

5. 第二章通风管道制作安装基本保留原有定额子目设置,取消了塑料风管制作安装和连体法兰矩形风管制作安装,增加了柔性软风管和不锈钢保温烟道安装。

6. 第三章通风管道部件制作安装,基本保留原有定额子目设置,取消了风阀制作安装、塑料风阀和风口制作安装;调整了罩类和风帽计量单位,原定额以质量为计量单位,现区分规格以"个"为计量单位;保留了常用电动机防雨罩和一般排气罩类。原单独成章的人防专业通风设备移植到本章,并调整了人防部件步距。

7. 原第四章"空调水系统"调整为"空调冷媒管道安装",增加了多联体空调系统制冷剂管道。中央空调水系统安装区分二管制和四管制,并区分冷凝水管的材质,分别设置定额。

8. 第五章绝热工程,保留原有子目设置,调整了相应的步距,增加了保温层外缠(包)保护层项目。

四、定额说明及工程量计算规则

(一) 通风空调设备安装

本章定额设备安装均按其设备主要特征参数套用定额,方便使用。定额包括与其设备连接的主要附件,如设计图示明示的主要附件数量和规格与本定额含量和规格不一致,可按设计图示数量和规格调整主材费用,其他不变。

1. 电制冷式冷水机组包含离心式和螺杆式,其安装区分制冷量分别套用相应定额,内容包含设备就位安装,设备连接的阀门、电动阀、水过滤器、平衡阀、软接头、压力表、温度计、法兰等安装,电动机检查接线,设备基础灌浆等。

2. 地源(水源)热泵机组安装区分制冷量分别套用相应定额,内容包含设备就位安装,设备连接的阀门、电动阀、水过滤器、平衡阀、软接头、压力表、温度计、法兰等安装,设备基础灌浆等。

3. 溴化锂吸收式制冷机组安装区分制冷量分别套用相应定额,内容包含设备就位安装,设备连接的阀门、电动阀、水过滤器、软接头、平衡阀、压力表、温度计、法兰等安装,设备基础灌浆等。

4. 模块式风冷热泵机组安装区分制冷量分别套用相应定额,如组合机组,则与设备连接的附件需根据设计图示的规格和数量作相应的调整。定额内容包含设备就位安装,设备连接的阀门、电动阀、水过滤器、止回阀、平衡阀、软接头、压力表、温度计、法兰等安装,电动机检查接线,设备基础灌浆等。

5. 玻璃钢冷却塔安装区分设备水处理量分别套用相应定额,内容包含设备就位安装,设备连接的阀门、电动阀、软接头、法兰等安装,电动机检查接线,设备基础灌浆等。

6. 空调器安装区分安装形式,水管配制要求和风量分别套用相应定额,内容包含设备就位安装,设备连接的阀门、电动阀、水过滤器、软接头、压力表、温度计、风管帆布接口、温度风量测定孔等安装,支架制作安装及支架刷油,电机检查接线等。

7. 多联体室外空调机安装区分制冷量分别套用定额,室内空调器区分安装形式分别套用相应定额,内容包含设备安装、电机接线检查、支架制作安装及支架刷油等。

8. 空调末端装置包含风机盘管、多联体室内空调器、变风量末端装置、分体式空调器等安装。

9. 风机盘管安装区分安装形式,水管配制和风量分别套用相应定额,内容包含设备安装,控制开关安装,与设备连接的阀门、电动阀、水过滤器、软接头等安装,支架制作安装及支架刷油、电机检查接线等。

10. 离心式通风机、轴流式通风机、风机箱安装区分风量分别套用相应定额,内容包含设备安装、风管帆布接口、支架制作安装及支架刷油,电机接线检查等。

11. 空气幕、换气扇、屋顶通风机安装,内容包含设备安装、支架制作安装及支架刷油,电机接线检查等。

12. 除尘设备区分设备质量分别套用定额,内容包含设备安装、支架制作安装及支架刷油。

13. 净化系统设备包含净化工作台、风淋室、净化过滤器安装,内容仅包含设备安装。

14. 空调水泵区分流量分别套用定额,内容包含设备安装,水泵连接的阀门、水过滤器、软接头、法兰、压力表、温度计等安装,设备减震台座、电动机检查接线,设备基础灌浆等。

(二) 通风管道制作安装

本章取消了塑料风管制作安装和连体法兰矩形风管制作安装,增加了柔性软风管和不锈钢保温烟道安装。

1. 薄钢板法兰连接风管制作安装区分材质、形状、连接方式、制作方式、规格、板厚等分别套用定额,内容包含风管制作安装、导流片制作安装、风管检查孔制作安装、温度风量测定口制作安装、吊托支架及法兰刷油、风管刷油等。

（1）材质有镀锌薄钢板、薄钢板;
（2）形状有圆形、矩形;
（3）制作方式有咬口、焊接;
（4）连接方式有法兰、焊接。

2. 净化系统法兰连接咬口制作安装风管区分规格、板厚分别套用定额,内容包含风管制作安装、导流片制作安装、风管检查孔制作安装、温度风量测定口制作安装、吊托支架及法兰刷油等。

3. 不锈钢风管制作安装区分形状、制作方式、连接方式、规格、板厚等分别套用定额,内容包含风管制作安装、导流片制作安装、风管检查孔制作安装、温度风量测定口制作安装、型钢吊托支架制作安装及刷油等。

4. 玻璃钢风管安装区分形状、规格分别套用定额,内容包含风管安装、支架制作安装及刷油等。

5. 复合型风管安装区分形状、规格分别套用定额,内容包含风管制作安装、支架制作安装及刷油等。

6. 不燃性无机复合矩形风管安装区分规格分别套用定额,内容包含风管安装、支架制作安装及刷油等。

7. 柔性软风管安装区分规格分别套用定额,内容包含本体安装。

8. 不锈钢保温烟道安装区分规格分别套用定额,内容包含本体安装。

(三) 通风管道部件制作安装

本节取消了风阀、塑料风阀和风口制作安装,调整罩类和风帽的步距,增加人防部件。

1. 风管阀门、风口、消声器等安装区分类型、规格分别套用定额,内容包含安装。其中风管防火阀包含支架制作安装及刷油。

2. 风帽制作安装仅保留了圆伞形、锥形和筒形三种形式,区分规格分别套用定额,内容包含制作安装及刷油。

3. 罩类制作安装仅保留电动机防雨罩和一般排气罩两种形式,区分规格分别套用定额,内容包含制作安装及刷油。

4. 静压箱制作安装区分表面积规格分别套用定额,内容包含制作安装、支架制作安装及刷油。

5. 原单独成章的人防专业通风设备移植至本章,设置人防排气阀门安装和人防其他部件安装。区分部件类型和规格分别套用定额。

(1) 人防排气阀门包含排气阀门、密闭阀门等。

(2) 人防其他部件包含人防风机、除湿机、毒气报警器、吸收器、套管、波导窗等。

(四) 空调冷媒管道安装

本章包含中央空调水系统配管和多联体空调系统制冷剂管道安装。

1. 中央空调水系统配管区分二管制和四管制,冷凝水管区分镀锌钢管和塑料管分别套用定额,按空调系统总制冷量计算,以"kW"为计量单位。内容包含水管阀门、法兰、管道支架制作安装及刷油,管道保温,管道刷油等。

2. 多联体空调系统制冷剂管道安装区分冷凝水管材质分别套用定额,按设计图示室内机数量计算,以"台"为计量单位。内容包含铜管、冷凝水管、分歧管接头,管道支架制作安装及刷油,管道保温。

(五) 绝热工程

1. 保留原有的子目,增加了保温层外缠(包)保护壳。

2. 通风管道绝热保温区分保温材质、保温厚度分别套用定额,保温层外缠(包)保护壳区分材质分别套用定额。

五、定额使用中应注意的问题及说明

(一) 各项费用的规定

1. 脚手架搭拆费:按定额人工的4%计取,其中人工占比35%,其余为材料费。

2. 工程超高费(即操作高度增加费):按操作物高度离楼地面 6m 为限,超过 6m 时,超过部分工程量按定额人工乘以系数 1.2。工程超高费全部为人工费用。

3. 高层建筑增加费:区分层数计取相应的高层建筑增加费,按下表计算,其中人工占比为 65%,其余为机械降效。

建筑层数(层)	≤12	≤18	≤24	≤30	≤36	≤42	≤48	≤54	≤60
按人工量的%	2	5	9	14	20	26	32	38	44

4. 系统调整费:

(1) 按通风空调风管系统工程人工费的 7% 计取,其中人工占 35%;包含漏风量测试和漏光法测试费用。

(2) 按空调水系统工程(含冷凝水管)人工费的 10% 计取,其中人工占 35%。

(二) 其他说明

1. 所有空调设备安装均包含与设备连接的阀门、电动阀、水过滤器、平衡阀、软接头、压力表、温度计、法兰等安装,及电动机检查接线,设备基础灌浆等。如制冷机房设备附件设计图示数量和规格已明示,宜根据设计图示调整相应的规格和数量,调整主材费用,其他不变。

2. 离心式冷水机组适用于活塞式冷水机组。

3. 空调水系统区分二管制和四管制及冷凝水管材质按系统制冷量(kW)计算,包含水系统管道、阀门、保温、管道支架及刷油。不包含制冷机组、空调器、水泵等处的阀门、温度计、压力表和设备本体及其安装费。

4. 多联体空调系统制冷剂管道安装区分冷凝水管材质按室内机台数计算,包含系统内制冷剂铜管和冷凝水管、分歧管接头,管道支架制作安装及刷油,管道保温。不包含室内机本身安装费。

第四册 消防工程

一、概况

本册定额分为 4 章，共 94 个子目。定额内容主要包括：水灭火系统、气体灭火系统、火灾自动报警系统、消防系统调试。

序号	章名称	子目数量
1	第一章 水灭火系统	33
2	第二章 气体灭火系统	17
3	第三章 火灾自动报警系统	28
4	第四章 消防系统调试	16
	合　计	94

二、本册特点

（一）适用范围

本册定额适用于本市行政区域范围内工业与民用建筑的新建、扩建、改建工程的消防工程。

（二）界限划分

1. 消防系统室内外管道：以建筑物外墙皮 1.5m 为界，入口处设阀门者以阀门为界；室外埋地管道执行第五册《给排水、采暖、燃气及工业管道工程》相关定额项目。
2. 厂区范围内的装置、站、罐区的架空消防管道执行本册定额相应子目。
3. 与市政给水管道界限：以与市政给水管道碰头点（井）为界。

（三）与各册的界限划分

1. 阀门、气压罐及消防水箱安装，执行第五册《给排水、采暖、燃气及工业管道工程》相关定额项目。
2. 不锈钢管、铜管管道安装，执行第五册《给排水、采暖、燃气及工业管道工程》第一章"工业管道安装工程"相关定额项目。
3. 设备及管道绝热工程，执行第五册《给排水、采暖、燃气及工业管道工程》相关定额项目。
4. 电缆敷设、桥架安装、防雷接地装置等安装，执行第一册《电气设备安装工程》相关定额项目。

三、定额主要变化情况

(一) 定额子目的变化

本册定额子目修编,主要是依据《上海市安装工程预算定额(SH 02—31—2016)》设置,结合"2010安装概算定额"的执行情况,对"2010安装概算定额"作了调整和完善。"2010安装概算定额"消防工程未单列,其中消防水灭火系统包含在第四分册管道安装工程中,设置28个子目;火灾自动报警系统包含在第二分册电气及自控仪表安装工程中,设置11个子目。而本册定额将消防系统单列,共4章94个子目。定额章节差异变化见下表。

消防工程定额章节差异变化表

2020安装概算定额	与"2010安装概算定额"差异
第一章　水灭火系统	
水喷淋钢管	喷淋配管子目,增加了喷淋头安装和套管安装子目,将原钢管螺纹连接和沟槽式连接子目进行综合,区分单喷淋头和上下喷淋头组,分别套用相应定额项目
消火栓钢管	新增子目,适用于室内消火栓干管。区分镀锌钢管(螺纹连接)和钢管(沟槽式连接)两种敷设方式
报警装置	湿式报警装置不区分规格,套用统一定额子目,另增加了其他报警装置定额子目
水流指示器	不区分规格,按螺纹连接和法兰连接两种连接方式套用定额子目
消防水泵	不再单独设置水泵房定额,将消防系统水泵归入消防水系统中,并综合了与设备连接的阀门、水过滤器、软接头、法兰、压力表安装,以及设备减震台座、电动机检查接线、设备基础灌浆等
减压孔板	不区分规格,综合套用定额子目
末端试水装置	不区分规格,综合套用定额子目
室内消火栓	不区分类型,综合套用定额子目。并综合了1.5m支管安装,支管长度大于1.5m,其超过部分计入干管
室外消火栓	不区分规格,按地下和地上两种安装方式分别套用定额子目
消防水泵接合器	不区分规格,按地下、地上和墙壁三种安装方式分别套用定额子目
灭火器	新增,不区分规格,综合套用定额子目
消防水炮	新增,不区分规格,综合套用定额子目
第二章　气体灭火系统	新增内容,在"2016安装预算定额"的基础上综合
无缝钢管	包含管道及管件安装、支架制作安装、管道及支架刷油等
气体驱动装置管道	不区分规格,综合套用定额子目
选择阀	不区分规格,按螺纹连接和法兰连接分别套用定额子目

(续表)

2020安装概算定额	与"2010安装概算定额"差异
气体喷头	不区分规格,综合套用定额子目
贮存装置	包含气压严密性试验
称重检漏装置	参照"2016安装预算定额"子目设置
无管网气体灭火装置	包含气压严密性试验
第三章　火灾自动报警系统	
探测器安装	定额子目包括点型探测器安装、红外光束(对)和报警终端电阻三种,其中,点型探测器安装,适用于探测器感烟、感温、火焰、可燃气体、多功能及防爆探测器等。工作内容包括探头和底座的安装及本体调试
报警按钮安装	参照"2016安装预算定额"子目设置
模块(接口)安装	包括模块(接口)安装和消防专用模块(模块箱)安装。其中,模块(接口)安装,适用于控制模块单输出、多输出,报警接口,短路隔离器等。工作内容包括本体安装及调试
报警控制器安装	综合落地式和壁挂式两种安装方式
联动控制器安装	新增,综合落地式和壁挂式两种安装方式
报警联动一体机安装	新增,综合落地式和壁挂式两种安装方式
重复显示器、警报装置、远程控制器安装	新增,参照"2016安装预算定额"子目设置
火灾事故广播安装	新增,扬声器、音响、电话分机,均综合了系统调试工作内容
消防通讯、报警备用电源安装	新增,综合"2016安装预算定额"相应子目
火灾自动报警系统配管配线	包括主、分干线的配管、配线、用户终端盒及接线盒安装等。
第四章　消防系统调试	新增内容,在"2016安装预算定额"的基础上综合
自动报警系统调试	
水灭火控制装置调试	
防火控制装置调试	
气体灭火系统装置调试	

(二)主要内容变化

1."2010安装概算定额"将消防水系统列入第四分册管道安装工程中,将火灾自动报警系统列入第二分册电气与自控仪表安装工程的弱电工程中,现本册定额将消防工程单独成册,按各个系统分别设置独立的章节,使定额项目内容划分更清晰、明确。

2.本册定额第一章水灭火系统:其内容包括水喷淋钢管、消火栓钢管、报警装置、水流指示器、消防水泵、减压孔板、末端试水装置、室内消火栓、消防水泵接合器、灭火器、消防水炮等项目。

3.本册定额第二章气体灭火系统:为新增章节,其内容包括无缝钢管、气体驱动装置管道、选择阀、气体喷头、贮存装置、称重检漏装置、无管网气体灭火装置等项目,是在"2016安装预算定额"的基础上适当综合而成的。

4.本册定额第三章火灾自动报警系统:其内容包括探测器安装、报警按钮安装、模块(接口)安装、报警控制器安装、联动控制器安装、报警联动一体机安装、重复显示器/警报装置/远程控制器安装、火灾事故广播安装、消防电话/报警备用电源安装、火灾自动报警系统配管配线等项目。

5. 本册定额第四章消防系统调试：为新增章节，其内容包括自动报警系统调试、水灭火控制装置调试、防火控制装置调试、防火控制装置调试、气体灭火系统装置调试等项目，是在"2016安装预算定额"的基础上适当综合而成的。

四、定额说明及工程量计算规则

（一）水灭火系统

1. 喷淋配管，区分单喷淋头和上下喷淋头组，分别套用相应定额项目。工作内容包括喷淋头、管道及管件的安装，支架及一般钢套管的制作安装，管道水压试验及水冲洗，管道及支架刷油。适用于水喷淋系统管道，定额已综合镀锌钢管（螺纹连接）和钢管（沟槽连接）定额项目。

2. 消火栓钢管，工作内容包括管道及管件安装，支架及一般钢套管制作安装，管道水压试验及水冲洗，管道及支架刷油。适用于消火栓系统干、立管，分镀锌钢管（螺纹连接）和钢管（沟槽连接）两种形式。

3. 室内消火栓安装定额已综合了1.5m支管安装，支管长度大于1.5m，其超过部分计入干管。

4. 室外水灭火系统管道应执行第五册《给排水、采暖、燃气及工业管道工程》相应定额子目。

5. 若设计或规范要求钢管需要镀锌，其镀锌费用及场外运输费用另行计算。

6. 隔膜式气压水罐安装，应执行第五册《给排水、采暖、燃气及工业管道工程》相应定额子目。

7. 消防水泵安装定额内容包含与设备连接的阀门、过滤器、软接头、压力表、法兰、电动机检查接线、减震台座、地脚螺栓灌浆等安装，相关附件规格、数量与设计不同时，主材可按实调整，其余不变。除另有说明外，均不包括与设备外接的第一片法兰或第一个连接口以外的管道安装工程量，应另行计算。

（二）气体灭火系统

1. 本章适用于工业和民用建筑中设置的七氟丙烷、IG541、二氧化碳灭火系统中的管道、管件、系统装置及组件等的安装。

2. 定额中的无缝钢管、钢制管件、选择阀安装及系统组件试验等适用于七氟丙烷、IG541灭火系统；高压二氧化碳灭火系统执行本章定额，人工、机械乘以系数1.20。

3. 若设计或规范要求钢管需要镀锌，其镀锌费用及场外运输费用另行计算。

4. 气体灭火系统管道若采用不锈钢管、铜管时，管道及管件安装执行第五册《给排水、采暖、燃气及工业管道工程》第一章工业管道安装工程相关定额项目。

（三）火灾自动报警系统

1. 点型探测器安装，适用于点型探测器（感烟、感温、火焰、可燃气体、多功能）及防爆探测器（感烟、感温、多功能）。工作内容包括本体安装及调试。

2. 模块（接口）安装，适用于控制模块（单输出、多输出）、报警接口、短路隔离器。工作内容包括本体安装及调试。

3. 扬声器、音响、电话分机，均综合了系统调试工作内容。

4. 火灾自动报警系统配管配线，包括主、分干线的配管、配线、金属软管及接线盒安装。

（四）消防系统调试

1. 系统调试是指消防报警和灭火系统安装完毕且联通开通，以达到国家有关消防施工验收规范、标准所进行的全系统的检测、调试和试验。

2. 自动报警系统装置包括各种探测器、手动报警按钮和报警控制器；灭火系统控制装置包括消火栓、自动喷淋等固定灭火系统的控制装置。气体灭火系统装置包括卤代烷、二氧化碳等固定气体灭火系统的控制装置。

3. 气体灭火系统调试试验时采取的安全措施，应按施工组织设计另行计算。

五、定额使用中应注意的问题及说明

（一）各项费用的规定

1. 脚手架搭拆费按定额人工的5％计算，其中人工占35％。
2. 工程超高费（即操作高度增加费）：按操作物高度离楼地面5m为限，超过5m时，超过部分工程量按定额人工乘以下表系数。工程超高费全部为人工费用。

操作物高度	≤10m	≤30m
系数	1.1	1.2

3. 高层建筑增加费：高层建筑（指高度在6层或20m以上的工业和民用建筑）增加的费用按下表分别计取。

建筑层数（层）	≤12	≤18	≤24	≤30	≤36	≤42	≤48	≤54	≤60
按人工量的％	2	5	9	14	20	26	32	38	44

高层建筑增加费中，其中的65％为人工降效，其余为机械降效。

第五册　给排水、采暖、燃气及工业管道工程

一、概况

本册定额分为7章，共594个子目。定额内容主要包括：工业管道安装工程、民用管道安装工程、管道附件、卫生器具、采暖/给排水设备、燃气器具及其他、绝热工程。

序号	章名称	子目数量
1	第一章　工业管道安装工程	179
2	第二章　民用管道安装工程	243
3	第三章　管道附件	74
4	第四章　卫生器具	27
5	第五章　采暖、给排水设备	31
6	第六章　燃气器具及其他	5
7	第七章　绝热工程	35
	合　计	594

二、本册特点

(一) 适用范围

本册定额适用于本市行政区域范围内工业与民用建筑的新建、扩建、改建工程的给排水、采暖、燃气及工业管道工程。

(二) 界限划分

1. 工业管道安装工程适用于厂区范围内的车间、装置、站、罐区及其相互之间各种生产用介质输送管道。
2. 民用管道安装工程适用于生活用给排水、采暖、燃气系统中的管道、附件、器具及附属设备等安装。

(三) 本册定额与市政管网工程的界线划分

1. 给水、采暖管道以与市政管道碰头点或以计量表、阀门(井)为界。
2. 室外排水管道以与市政管道碰头点为界。
3. 燃气管道定额以用户室内燃气表为界，适用于室内燃气表之后的镀锌钢管(螺纹连接)管道安装。

三、定额主要变化情况

（一）定额子目的变化

本册定额子目修编,主要是依据《上海市安装工程预算定额(SH 02-31-2016)》设置,结合"2010安装概算定额"的执行情况,对"2010安装概算定额"作了调整和完善。定额章节差异变化见下表。

给排水、采暖、燃气及工业管道工程定额章节差异变化表

2020安装概算定额	与"2010安装概算定额"差异
第一章　工业管道安装工程	
低压管道	将管道中的阀门安装取消,单独套用本册第三章相应定额子目
中压管道	同上
高压管道	同上
管道支架制作安装	适用于单件重量在100kg以内的管架制作安装,单件重量大于100kg的管架制作安装应执行《上海市安装工程预算定额(SH 02-31-2016)》第三分册《静置设备与工艺金属结构制作安装工程》相关定额项目
第二章　民用管道安装工程	将管道中的阀门安装取消,单独套用本册第三章相应定额子目
给排水、采暖管道	适用于室内外生活用给排水、采暖管道的安装,包括镀锌钢管、钢管、不锈钢管、铜管、铸铁管、塑料管、复合管等不同材质的管道安装
燃气管道	燃气管道定额适用于用户燃气表之后的室内燃气镀锌钢管螺纹连接的管道安装。
用水点管道	用水点管道安装,分材质、用途、建筑类别,按设计图示洁具数量计算,以"套"为计量单位
第三章　管道附件	新增内容,在"2016安装预算定额"的基础上综合
螺纹阀门	包括螺纹阀门安装、螺纹浮球阀安装、自动排气阀安装
法兰阀门	包括法兰阀门安装、法兰浮球阀安装、法兰液压式水位控制阀安装,工作内容综合了法兰安装
沟槽阀门	包括沟槽阀门安装
减压器	包括减压器组成安装(螺纹连接)、减压器组成安装(法兰连接)
疏水器	包括疏水器组成安装(螺纹连接)、疏水器组成安装(法兰连接)
除污器	包括除污器组成安装(法兰连接)

(续表)

2020安装概算定额	与"2010安装概算定额"差异
水表	包括水表安装(螺纹连接)、IC卡水表安装(螺纹连接)、螺纹水表组成安装、法兰水表组成安装(无旁通)、法兰水表组成安装(带旁通)、成品表箱安装
热量表	包括热水采暖入口热量表组成安装(螺纹连接)、热水采暖入口热量表组成安装(法兰连接)、户用热量表组成安装(螺纹连接)
倒流防止器	包括倒流防止器组成安装(螺纹连接不带水表)、倒流防止器组成安装(螺纹连接带水表)、倒流防止器组成安装(法兰连接不带水表)、倒流防止器组成安装(法兰连接带水表)
水锤消除器	包括水锤消除器安装(螺纹连接)、水锤消除器安装(法兰连接)
补偿器	包括成品补偿器安装
软接头(软管)	包括螺纹软接头安装、法兰式软接头安装
塑料排水管消声器	包括塑料排水管消声器
第四章　卫生器具	在"2016安装预算定额"的基础上综合
浴缸(盆)	包括普通浴缸和按摩浴盆
净身盆	包括净身盆
洗脸盆	包括洗脸盆冷热水和洗发盆
洗涤盆	包括洗涤盆冷水、洗涤盆冷热水
化验盆	包括化验盆
大便器	包括蹲式大便器、坐式大便器
小便器	包括小便器自闭式冲洗阀、小便器感应开关埋入式
拖布池	包括成品拖布池安装
烘手器	包括烘手器
淋浴器	包括成套淋浴器冷热水
淋浴间	包括整体淋浴室安装
桑拿浴房	包括湿蒸房安装
大、小便槽自动冲洗水水箱	包括大便槽自动冲洗水水箱安装、小便槽自动冲洗水水箱安装
给排水附件	包括水龙头安装、排水栓安装、地漏安装、地面扫除口安装、普通雨水斗安装、虹吸式雨水斗安装
隔油器	包括隔油器
第五章　采暖、给排水设备	新增,在"2016安装预算定额"的基础上综合

(续表)

2020安装概算定额	与"2010安装概算定额"差异
给排水泵安装	不再单独设置水泵房定额,将给排水泵归入本册中,按水泵流量设置定额子目。工作内容包括水泵安装,与设备连接的阀门、水过滤器、软接头、法兰、压力表等安装,设备减震台座安装,电动机检查接线,设备基础灌浆
变频给水设备	新增,工作内容包括变频给水设备及配套的部件、附件安装,设备减震台座安装,电动机检查接线,设备基础灌浆
稳压给水设备	新增,工作内容包括稳压给水设备及配套的部件、附件安装,设备减震台座安装,电动机检查接线,设备基础灌浆
无负压给水设备	新增,工作内容包括无负压给水设备及配套的部件、附件安装,设备减震台座安装,电动机检查接线,设备基础灌浆
气压罐	新增,气压罐安装
太阳能集热装置	新增,太阳能集热装置
热水器、开水炉	包括蒸汽间断式开水炉安装、电热水器安装挂式、电热水器安装立式、立式电开水炉安装、容积式热交换器安装
消毒器、消毒锅	包括消毒器安装、消毒锅安装
直饮水设备	包括直饮水设备
水箱	包括整体式水箱安装
第六章 燃气灶具	
燃气开水炉安装	包括燃气开水炉安装
燃气采暖炉安装	包括燃气采暖炉安装
燃气快速热水器安装	包括燃气快速热水器安装
燃气灶具	包括燃气灶具民用灶具安装、燃气灶具公用灶具安装
第七章 绝热工程	
带铝箔离心玻璃棉安装	包括带铝箔离心玻璃棉安装,分管道、立(卧)式设备、球形设备设备
橡塑管壳安装(管道)	包括橡塑管壳安装(管道)
防潮层、防护层安装	包括布面保护层安装管道、设备,铁丝网保护层管道、设备,铝箔-复合玻璃钢保护层管道、设备,铝箔保护层管道,抹面保护层管道、设备,金属薄板保护层管道、设备

(二)主要内容变化

1. 本册定额第一章工业管道安装工程:其内容包括低压管道、中压管道、高压管道及管道支架制作安装等。子目设置及工作内容均参照"2010安装概算定额"的子目取定,并根据"2016安装预算定额"增加大规格管道,工作内容包括管道安装、管件连接,扣除原概算定额中阀门安装工作内容。

2. 本册定额第二章民用管道安装工程:其内容包括给排水、采暖管道、燃气管道及用水点管道等。

(1) 将给水管道与采暖管道子目进行综合,工作内容包括管道安装、管件安装、套管安装、水压试验、冲洗、支架制作安装及刷油、消毒(其中室外管道包含管道碰头)。

(2) 燃气管道定额适用于用户燃气表之后的室内燃气镀锌钢管螺纹连接的管道安装。

(3) 空调室外管道执行本章给排水、采暖相关定额项目。

(4) 用水点管道适用于卫生间、厨房内管道,其余套用本章民用管道安装相应子目。

3. 本册定额第三章管道附件:新增内容,在"2016安装预算定额"的基础上综合,其内容包括螺纹阀门、法兰阀门、沟槽阀门、减压器、疏水器、除污器、水表、热量表、倒流防止器、水锤消除器、补偿器、软接头(软管)、塑料排水管消声器等。

4. 本册定额第四章卫生器具:在"2016安装预算定额"的基础上综合,其内容包括浴缸(盆)、净身盆、洗脸盆、洗涤盆、化验盆、大便器、小便器、拖布池、烘手器、淋浴器、淋浴间、桑拿浴房、大小便槽自动冲洗水箱、给排水附件及隔油器等器具安装等。

5. 本册定额第五章采暖、给排水设备:其内容包括给排水泵安装、变频给水设备、稳压给水设备、无负压给水设备、气压罐、太阳能集热装置、热水器、开水炉、消毒器、消毒锅、直饮水设备、水箱等。

(1) 给排水泵安装,不再单独设置水泵房定额,将给排水泵归入本册中,按水泵流量设置定额子目,工作内容包括水泵安装,与设备连接的阀门、水过滤器、软接头、法兰、压力表等安装,设备减震台座安装,电动机检查接线,设备基础灌浆。

(2) 变频给水设备、稳压给水设备及无负压给水设备,均为新增内容,是在"2016安装预算定额"的基础上适当综合而成的,工作内容包括给水设备及配套的部件、附件安装,设备减震台座安装,电动机检查接线,设备基础灌浆。

(3) 气压罐和太阳能集热装置,均为新增内容,是在"2016安装预算定额"的基础上适当综合而成的。

(4) 热水器、开水炉、容积式热交换器安装,是在"2016安装预算定额"的基础上适当综合而成的。

(5) 消毒器、消毒锅,是在"2016安装预算定额"的基础上适当综合而成的。

(6) 直饮水设备,均为新增内容,是在"2016安装预算定额"的基础上适当综合而成的。

6. 本册定额第六章燃气灶具:其内容包括燃气开水炉、燃气采暖炉、燃气快速热水器、燃气灶具等,是在"2016安装预算定额"的基础上适当综合而成的。

7. 本册定额第七章绝热工程:其内容包括带铝箔离心玻璃棉安装、橡塑管壳安装(管道)、防潮层、防护层安装等,是在"2016安装预算定额"的基础上适当综合而成的。

四、定额说明及工程量计算规则

(一) 工业管道安装工程

1. 本章定额的界面范围:厂区第一个连接点以内的生产用(包括生产与生活共用)给水、排水、蒸汽输送管道的安装工程。其中给水以入口水表井为界;排水以产区围墙外第一个污水井为界;蒸汽以入口第一个计量表(阀门)为界;锅炉房、水泵房、空调制冷机房以外墙皮为界。

2. 本章定额管道压力等级的划分:
低压:$0<P\leq1.6$MPa;中压:1.6MPa$<P\leq10$MPa;高压:10MPa$<P\leq42$MPa;蒸汽管道$P\geq9$MPa且工作温度≥500℃时为高压。

3. 管道安装(包括低压管道、中压管道和高压管道),工作内容包括管道安装、管件安装、法兰安装、管口焊缝热处理、无损探伤、焊口局部充氩保护焊接、管道液压试验、吹(冲)洗、清洗、气密性试验、刷油等。

4. 管道支架制作安装,工作内容包括支架制作、安装、刷油等。适用于单件重量在100kg以内的管架制作安装，单件重量大于100kg的管架制作安装应执行《上海市安装工程预算定额(SH 02−31(05)−2016)》相关定额项目。

（二）民用管道安装工程

1. 本章定额适用范围：
(1) 给排水、采暖管道定额适用于室内外生活用给排水、采暖管道的安装，包括镀锌钢管、钢管、不锈钢管、铜管、铸铁管、塑料管、复合管等不同材质的管道安装。
(2) 燃气管道定额适用于用户燃气表之后的室内燃气镀锌钢管螺纹连接的管道安装。
(3) 空调室外管道执行本章给排水、采暖相关定额项目。
2. 给排水管道的界限划分：
(1) 室内外给水管道以建筑物外墙皮1.5m为界，建筑物入口处设阀门者以阀门为界。
(2) 室内外排水管道以出户第一个排水检查井为界。
(3) 与工业管道界线以与工业管道碰头点为界。
(4) 与设在建筑物内的水泵房(间)管道以泵房(间)外墙皮为界。
3. 采暖管道的界限划分：
(1) 室内外管道以建筑物外墙皮1.5m为界；建筑物入口处设阀门者以阀门为界，室外设有采暖入口装置者以入口装置循环管三通为界。
(2) 与工业管道界限以锅炉房或热力站房外墙皮1.5m为界。
(3) 设在建筑物内的换热站管道以站房外墙皮为界。
4. 燃气管道的界限划分：
(1) 室内设燃气表或阀门者，以其燃气表或阀门为界，后端为本章定额燃气管道的适用范围。
(2) 引入室内的管道以室内第一个阀门或以外墙三通为界。
5. 用水点管道的界限划分：
(1) 给水管道：卫生间阀门后管道计入用水点管道。
(2) 排水：卫生间排水支管计入用水点管道。
(3) 热水用水点管道适用于集中供热系统。
6. 其他相关说明：
(1) 室内薄壁不锈钢管(卡压/卡套连接)子目，适用于室内薄壁不锈钢管卡压式和卡套式两种连接方式。
(2) 卫生器具及用水点内容有：浴缸(盆)、净身盆、洗脸盆、洗涤盆、化验盆、拖布池、大便器、小便器、淋浴器、淋浴间、桑拿浴房、大/小便槽自动冲洗水水箱、水龙头、开水器等的安装。
(3) 地漏的排水管含量已包括在本章用水点管道子目中。

（三）管道附件

1. 法兰阀门、法兰式附件安装项目均已包括法兰安装，不再重复计算。
2. 过滤器安装执行相应口径的阀门安装定额子目，定额人工乘以系数1.20。
3. 水表安装(螺纹连接)与IC卡水表安装(螺纹连接)，均不包括水表前的阀门安装。
4. 法兰式软接头安装适用于法兰式橡胶及金属挠性接头安装。
5. 塑料排水管消声器安装按成品考虑。
6. 本章器具组成安装均分别依据现行相关标准图集编制的，其中连接管、管件均按钢制管道、管件及附件考虑；如实际采用其他材质组成安装，则按相应项目分别计算。若设计图示组成与定额不同时，阀门、过滤器、软接头数量可按设计用量进行调整，其他不变。

（四）卫生器具

1. 各类卫生器具安装项目包括卫生器具本体、配套附件和成品支托架安装。各类卫生器具配套附件包含给水附件（水嘴、金属软管、阀门、冲洗管、喷头等）和排水附件（下水口、排水栓、存水弯、与地面或墙面排水口间的排水连接管等）。
2. 普通浴盆综合考虑了各种常用材质浴盆，不区分冷热水形式，执行同一定额。按摩浴盆包括配套小型循环设备（过滤罐、水泵、按摩泵、气泵等）安装，其循环管路材料、配件等均按成套供货考虑。
3. 与卫生器具配套的电气安装，应执行第一册《电气设备安装工程》相关定额项目。
4. 各类卫生器具的混凝土或砖基础、周边砌砖、瓷砖粘贴，蹲式大便器蹲台砌筑，台式洗脸盆的台面，浴厕配件安装，执行《上海市建筑和装饰工程概算定额（SH 01—21—2020）》相关定额项目。

（五）采暖、给排水设备

1. 本章设备安装定额中均包括设备本体以及与其配套的管道附件、部件的安装和单机试运转或水压试验、通水调试、设备减震台座安装，电动机检查接线，设备基础灌浆等内容。其中：
（1）给排水泵安装定额已包括阀门、过滤器、软接头、压力表、法兰等常规附件，使用时可按设计图示附件数量、规格调整主材价格，其他不变。
（2）变频给水设备、稳压给水设备及无负压给水设备安装项目中包括与本体配套的管道附件、部件的安装，如实际未随设备供应附件时，其材料费另行计入，其他不变。
（3）除另有说明外，均不包括与设备外接的第一片法兰或第一个连接口以外的管道安装工程量，应另行计算。
2. 水箱安装适用于玻璃钢、不锈钢、钢板等各种材质，不分圆形、方形，均按箱体容积执行相应项目。
3. 随设备配备的各种控制箱（柜）、电气接线及电气调试等，执行第一册《电气设备安装工程》相应项目。

（六）燃气器具及其他

1. 各种燃气炉（器）具安装项目，均包括本体及随炉（器）具配套附件的安装。
2. 燃气采暖炉安装子目综合了壁挂式和落地式两种安装方式，壁挂式燃气采暖炉安装子目，考虑了随设备配备的托盘、挂装支架的安装。

（七）绝热工程

1. 布面保护层安装适用于玻璃丝布、麻袋布、塑料布等布面保护层安装，主材可以换算，其他不变。
2. 金属薄板保护层定额，板厚度是按镀锌钢板厚度 0.8mm 以下综合考虑的，若厚度大于 0.8mm 时，主材可以换算，其定额人工乘以系数 1.2。
3. 铝板保护层执行金属薄板保护层定额子目，主材可以换算，若厚度大于 1.0mm 时，其定额人工乘以系数 1.2。
4. 不锈钢薄板保护层执行金属薄板保护层定额子目，主材可以换算，人工乘以系数 1.25，机械乘以系数 1.15。
5. 根据绝热工程施工及验收技术规范，保温层厚度大于 100mm，保冷层厚度大于 75mm 时，应分为两层安装的，其工程量可按两层计算，分别执行相应定额子目。

五、定额使用中应注意的问题及说明

(一) 各项费用的规定

1. 脚手架搭拆费按定额人工的5%计算,其中人工占35%。室外埋地管道工程不计取该费用。
2. 工程超高费(即操作高度增加费):按操作物高度离楼地面5m为限,超过5m时,超过部分工程量按定额人工乘以下表系数。工程超高费全部为人工费用。

操作物高度(m)	≤10	≤30	≤50
系数	1.10	1.20	1.50

3. 高层建筑增加费:高层建筑(指高度在6层或20m以上的工业和民用建筑)增加的费用按下表分别计取。

建筑层数(层)	≤12	≤18	≤24	≤30	≤36	≤42	≤48	≤54	≤60
按人工量的%	2	5	9	14	20	26	32	38	44

高层建筑增加费中,其中的65%为人工降效,其余为机械降效。

4. 在洞库、地沟、结构管道间(井)、管廊内安装的项目,定额人工、机械乘以系数1.20。
5. 采暖工程系统调整费按采暖系统工程人工费的10%计算,其中人工占35%。